Sitzungsberichte
der Akademie der Wissenschaften
der DDR
Mathematik – Naturwissenschaften – Technik

Jahrgang 1985 · Nr. 5/N

Wolfgang Fratzscher

Exergie und Stoffwandlung

AKADEMIE-VERLAG · BERLIN
1985

Vortrag aus der Sitzung der Klasse
Chemie am 15. März 1984 von
Wolfgang Fratzscher, Ordentliches Mitglied
der Akademie der Wissenschaften der DDR

Herausgegeben im Auftrage
des Präsidenten der Akademie
der Wissenschaften der DDR
von Vizepräsident Prof. Dr. Heinz Stiller

ISSN 0138-3965
Erschienen im Akademie-Verlag, DDR-1086 Berlin, Leipziger Str. 3–4

Lizenznummer: 202 · 100/47/85
Printed in the German Democratic Republic
Gesamtherstellung: VEB Druckhaus Köthen
LSV 1215
Bestellnummer: 763 486 0 (2010/85/5/N)
00300

Inhalt

1. Historische Einordnung

Unter Exergie wird in der Technischen Thermodynamik der in Arbeit transformierbare Teil einer Energie verstanden. Verallgemeinert ist mithin die Exergie der beliebig in andere Energieformen umwandelbare Teil der Energie.

Im Grunde genommen ist die Auseinandersetzung zum Exergiebegriff mindestens so alt wie der II. Hauptsatz der Thermodynamik selbst. Wenn SADI CARNOT in seiner berühmten Schrift die Arbeit, die aus einer bereitgestellten Wärme erzeugt werden kann, sinngemäß durch eine Beziehung der Art

$$W = f(T_1, T_2) \cdot Q \tag{1}$$

kennzeichnet, [1] so ist damit für den Fall, daß $T_2 = T_u$ also gleich der Umgebungstemperatur ist, auch die Exergie der Wärme angegeben. In diesem Sinn ist CARNOT, entgegen der üblichen Leseart, nicht nur als der Begründer des Entropiesatzes, sondern auch als der des Energiesatzes anzusehen. [2]

Im 19. Jahrhundert ist vor allem in der englischen Fachliteratur eine intensive Diskussion zu Aussagen des Exergiebegriffes geführt worden, die vordergründig mit dem Namen THOMSON [3], TAIT [4] und MAXWELL [5] verbunden ist. Gegen die Jahrhundertwende finden sich auch in der französischen und deutschen Fachliteratur einschlägige Arbeiten. Für die ersten sind die Namen GOUY [6] und JOUQUET [7] signifikant, für die letzteren der bekannte Ingenieur STODOLA [8].

Eine erstere breitere Diskussion in einschlägigen Fachzeitschriften wurde etwa in den dreißiger Jahren des 20. Jahrhunderts geführt. In der deutschen Fachliteratur ist auf BOŠNJAKOVIĆ [9], in der englischen auf KEENAN [10], in der französischen auf DARRIEUS [11], in der russischen auf KIRPIČEW [12] und KAPIZA [13] hinzuweisen.

Die Zahl der Arbeiten, die sich mit dem Exergiebegriff beschäftigten, stieg dann mit Beginn der fünfziger Jahre sprunghaft an. In den sechziger Jahren erschienen die ersten Monographien. Gegenwärtig existieren in der Welt einige Schulen, die kontinuierlich zur Entwicklung beitragen und ständig neue Anwendungsgebiete erschließen. Die Situation ist derzeitig dadurch zu charakterisieren, daß die Exergie „in die Lehrbücher zur Technischen Thermodynamik eingegangen ist“.

Die Bezeichnung „Exergie“ stammt von RANT [14], einem Schüler BOŠNJAKOVIĆS. Da sie leicht verständlich, treffend und ein Internationalismus ist, hat sie sich rasch verbreitet und, mit gewissen Einschränkungen für die amerikanische Literatur, durchgesetzt.

Das zunehmende Interesse an der Exergie in der jüngsten Vergangenheit ist auf das sich ständig entwickelnde Energiebewußtsein zurückzuführen. Die Ursachen für diesen Zusammenhang werden im folgenden näher aufgezeigt. Die Position der Gesellschaft zur Energie erklärt sicher auch viele Besonderheiten der historischen Entwicklung des Exergiebegriffes. Hierauf soll aber an dieser Stelle nicht eingegangen werden.

2. Definition und physikalisch-technische Bedeutung des Exergiebegriffes

Im folgenden soll keine vollständige physikalische Interpretation des Exergiebegriffes gegeben werden, hierzu sei auf die Literatur verwiesen. [15] Vordergründig sollen die Anwendungen für industrielle chemische Verfahren im Mittelpunkt stehen, die im thermodynamischen Sinn stationär durchströmte offene Systeme sind. In diesem Zusammenhang interessiert die Exergie von Stoffströmen.

Unter der Exergie eines Stoffstromes versteht man die maximale Arbeit, die aus diesem Stoffstrom gewonnen werden kann, wenn er reversibel mit einer entsprechenden Umgebung in ein thermodynamisches Gleichgewicht überführt wird. Da die Bereitstellung der maximalen Arbeit an die Bedingungen der Reversibilität gebunden ist, kann diese Definition auch umgekehrt werden, und es gilt dann:

Unter der Exergie eines Stoffstromes versteht man die minimale Arbeit, die erforderlich ist, um einen Stoffstrom mit bestimmten Zustandsparametern aus einer entsprechenden Umgebung heraus zu erzeugen.

Die erste Definition wendet sich mehr an den Energieingenieur, der sich für den energetischen Wert von Stoff- und Energieströmen interessiert. Die zweite Definition spricht den Verfahrenstechniker an. Die Exergie läßt sich so auffassen als ein Maß für die minimalen Energieaufwendungen, die naturgesetzlich im reversiblen Grenzfall aufzubringen sind, wenn eine bestimmte Stoffproduktion oder Stoffwandlung durchgeführt werden soll. Ausgehend von der gegebenen Definition läßt sich aus dem I. und II. Hauptsatz der Thermodynamik die Bestimmungsgleichung der Exergie eines Stoffstromes ableiten. Als Differentialbeziehung erhält man

$$de = dh - T_u \, ds \qquad (2)$$

Die Exergie eines Stoffstromes hängt demnach sowohl von den Eigenschaften des betrachteten Systems (h, s) als auch von denen der Umgebung (T_u) ab. Wird die Umgebung mit Reservoireigenschaften belegt (es wird angenommen, daß sie entweder unendlich groß ist oder, bei endlicher Größe, die Änderungen ihrer intensiven, spezifischen und molaren Eigenschaften gleich Null gesetzt werden können), sind die intensiven Zustandsparameter der Umgebung konstant, und die Exergie eines Stoffstromes ergibt sich dann als eine reine Funktion der Systemeigenschaften. Aus diesem Grund wird die Exergie eines Stoffstromes auch als Zustandsgröße 2. Art bezeichnet.

Die Anwendung der Stoffstromexergie auf ein beliebiges System, also auch auf ein chemisches Verfahren, erfordert die Aufstellung der Exergiebilanz. Für die differentielle Änderung eines Systems lautet diese, unter Benutzung von Gl. (2)

$$\frac{T - T_u}{T} dq + dw_t = de + T_u ds_v. \qquad (3)$$

Das betrachtete allgemeine System ist in Abb. 1 schematisch dargestellt. Das System tauscht mit der Umgebung Stoffströme aus (z.B. Rohstoffe und Zielprodukte sowie Abfallstoffe), die in der Exergiebilanz durch die Stoffstromexergie entsprechend Gl. (2) erfaßt werden. Aus praktischen Gründen kann es sinnvoll sein, die Stoffstromexergie in

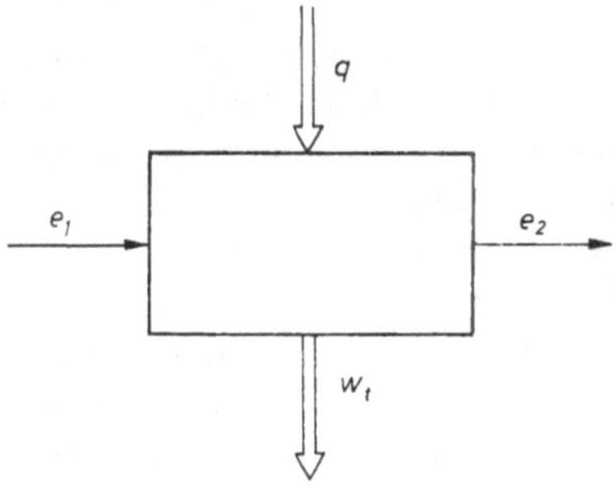

Abb. 1 Schematische Darstellung eines stoffwirtschaftlichen Systems

den thermomechanischen Anteil, den Konzentrationsanteil und den chemischen Anteil aufzuteilen. Der erste Term entsteht aus entsprechenden Druck- und Temperaturänderungen, der zweite Term aus der Konzentrationsänderung und der dritte auf Grund einer chemischen Reaktion, d.h. dem Wechsel von Stoffspezies. Außerdem kann das System im allgemeinen Fall stofffrei Arbeiten und Wärmen mit der Umgebung austauschen. Bei stationär durchströmten Systemen ist in die Bilanz die sog. „technische" Arbeit aufzunehmen, da bei diesen die Verdrängungsarbeiten zu berücksichtigen sind. In der Exergiebilanz ist die Arbeit in voller Größe zu erfassen, wie Gl. (3) zeigt. Das folgt offensichtlich aus der Definition der Exergie als der in Arbeit umwandelbare Teil der Energie.

Die zwischen System und Umgebung ausgetauschten Wärmen werden in der Exergiebilanz gewichtet durch den Faktor $\frac{T - T_u}{T}$ aufgefaßt. Dieser Faktor stellt nichts anderes als der Wirkungsgrad eines CARNOTprozesses dar, der zwischen der Systemtemperatur T und der Umgebungstemperatur T_u arbeitet. Wärmen werden demzufolge in der Exergiebilanz durch die Arbeit erfaßt, die aus der Wärme mit Hilfe von CARNOTprozessen bei vorgegebener Umgebung erzeugt werden kann. Diesen Betrag bezeichnet man als Arbeitsfähigkeit oder allgemeiner als Exergie der Wärme. Aus der Erfassung der stoffgebundenen Energie, der Arbeit und der Wärme in der Exergiebilanz entsprechend Gl. (3) wird ein wesentlicher Vorteil der exergetischen Methode offensichtlich. Die Exergie erlaubt, die verschiedenen Energieformen in einem einheitlichen Maßstab, nämlich ihrer Umwandelbarkeit in Arbeit, abzubilden. Das ist von wesentlicher und insbesonderer technischer Bedeutung, da sich z.B. verschiedene Verfahrensvarianten durch den Anteil der stofffrei zugeführten Energie oder auch durch das Verhältnis von Wärme- und Arbeitsaustausch unterscheiden. Die Benutzung der Exergiebilanz erlaubt so einen thermodynamischen Vergleich der verschiedenen Varianten. Die Entwicklung und Bedeutung „integrierter" Verfahrensvarianten oder „energieautarker" Verfahren sowie die Kombination von Stoff- und Energiesystemen auf der Basis unterschiedlicher Primärenergiequellen kann somit thermodynamisch umfassend eingeschätzt werden. Gl. (3) vermag noch einen zweiten wesentlichen Vorteil der exergetischen Betrachtung deutlich zu machen. ds_v ist die infolge Irreversibilitäten entstandene Entropiezunahme, die Entropieproduktion infolge natürlicher Prozesse. Die Multiplikation mit der Umgebungstemperatur transformiert die Entropieproduktion in eine Energie. Im Energiemaßstab kann deshalb die Auswirkung von Nichtumkehrbarkeiten als eine Erzeugung von Umgebungsenergie angesehen werden, die, exergetisch gesehen, keinen Wert besitzt, da sie nur unter Zuhilfenahme eines perpetuum mobiles II. Art in Arbeit umgewandelt werden kann. Der Ausdruck $T_u \, ds_v = de_v$ kann so als ein Exergieverlust angesehen werden, der durch Irreversibilitäten verursacht ist. Damit ist eine allgemein vergleichbare und absolute Verlustdefinition gefunden worden, die als Ursachen der Verluste die vorhandenen Triebkräfte wie Temperatur-, Druck- oder Konzentrationsgradienten oder allgemeiner Gradienten des chemischen Potentials ausweist. Aus dieser Sicht können unterschiedliche Verfahrensführungen eingeschätzt und Optimierungen des Triebkraftauf- und -abbaus für die einzelnen Prozesse des Verfahrens und natürlich auch für das Gesamtverfahren vorgenommen werden. Damit ist gegenüber den üblichen energetischen Einschätzungen stoffwirtschaftlicher Verfahren eine grundsätzlich höhere Qualität in der Bewertung erreichbar.

Zur Illustration der Aussagen sollen im folgenden einige Beispiele der exergetischen Analyse von Verfahren der Grundstoffchemie vorgestellt werden.

3. Beispiele exergetischer Analysen

Ein typisches Verfahren der Grundstoffchemie ist die Ammoniaksynthese.

Im folgenden wird nur ein Teil der Ammoniakanlage, die Synthese im engeren Sinn mit dem Synthesekreislauf, untersucht. [16] Das technologische Schema dieser Teilanlage ist in Abb. 2 dargestellt. Das Synthesegas wird vor dem Verdichter, der den Druckabfall der Anlage von 2 MPa überwinden muß, in den Kreislauf eingespeist. Nach der Verdichtung erfolgt die katalytische Umsetzung des Reaktionsgemisches bei einem Druck von 30 MPa. Die notwendige regenerative Aufwärmung des Reaktionsgemisches und die entsprechende Abkühlung der Reaktionsprodukte werden in apparativer Einheit im Reaktor durchgeführt. Die erste Kühlstufe der Reaktions-

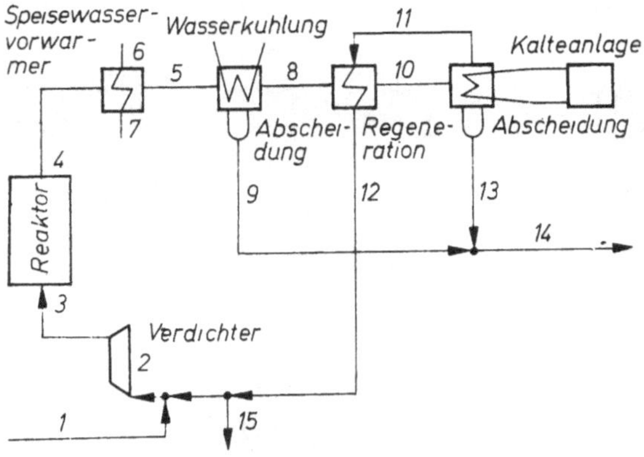

Abb. 2 Technologisches Schema einer NH_3-Anlage

produkte liegt zwischen 190 und 80 °C, wobei Speisewasser von 68 auf 84 °C vorgewärmt wird. Im anschließenden Wasserkühler wird der Produktstrom bis auf 30 °C abgekühlt, wobei ein Teil des gebildeten Ammoniaks abgeschieden werden kann. Zur weiteren Abtrennung des Ammoniaks durch Auskondensation wird der Produktstrom mit Hilfe einer Ammoniak-Kälteanlage auf −5 °C abgekühlt. Das anfallende flüssige NH_3 wird abgeschieden, während das Restgas den Produktstrom regenerativ nach dem Wasserkühler bis auf 20 °C abkühlt und sich selbst dabei auf 15 °C erwärmt. Dem Kreislauf ist ständig eine bestimmte Menge dieses Gases zu entnehmen, um eine zu starke Anreicherung von Inertgasen zu verhindern. Der Aufbau des Reaktors ist aus Abb. 3 zu entnehmen, in dem auch die zur Bewertung wesentlichen Temperaturangaben enthalten sind. Die Reaktionstemperatur der exothermen Reaktion wird durch die Eigenschaften des Katalysators bestimmt und liegt bei 450 bis 500 °C.

Die Kaltgaseinspritzung soll eine Überschreitung der zulässigen Reaktionstemperatur verhindern. Das Reaktionsgas tritt mit 42 °C ein, kühlt den Reaktormantel und erwärmt sich regenerativ auf 85 °C. In dem eigentlichen regenerativen Wärmeüberträger wird anschließend das Reaktionsgemisch bis auf die erforderliche Reaktionstemperatur von 423 °C aufgeheizt. Der weitere Transport durch das Innenrohr des Reaktors führt zu keiner wesentlichen Höhererwärmung. In den einzelnen Reaktionszonen verläuft die Reaktion nahezu adiabat.

Um eine übersichtliche Darstellung und deutliche Aussagen zu erhalten, werden relativ pragmatische Festlegungen bei der Wahl der Bezugspunkte getroffen. Der Nullpunkt der Enthalpie wurde für den Synthesegaskreislauf bei 15 °C und 28 MPa angenommen, für Ammoniak bei −50 °C und Siedezustand, um negative Enthalpieströme zu vermeiden. Als Umgebungszustand wurde 18 °C und 28 MPa und als Bezugssubstanzen (die in der Umgebung im getrennten Gleichgewicht rein vorliegen) Ammoniak, Stickstoff, Argon und Methan gewählt. Dadurch wurden Transitexergien, wie der Druckanteil des Synthesegases und die chemische Exergie des Wasserstoffes, unterdrückt.

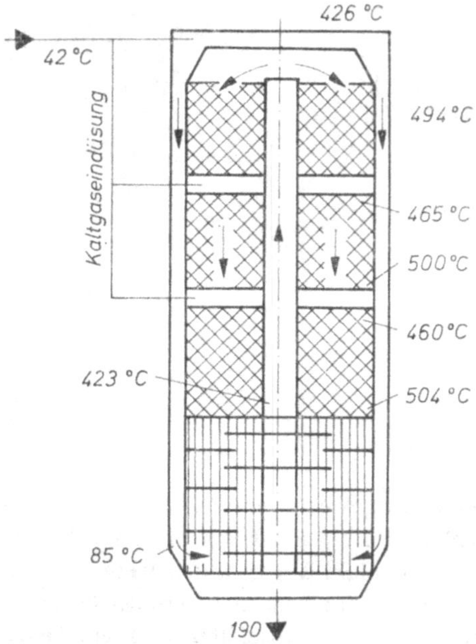

Abb. 3 Aufbau eines NH_3-Reaktors

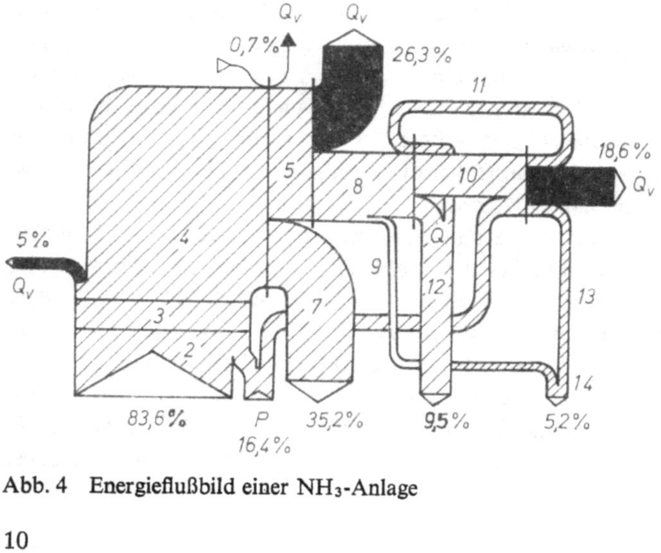

Abb. 4 Energieflußbild einer NH_3-Anlage

Das Energieflußbild ist in Abb. 4 dargestellt. Die Energiezufuhr erfolgt über das Frischgas und die Verdichterleistung. 40% der Verdichterleistung werden zum Antrieb der Kälteanlage benötigt, was deren Bedeutung für die Energiewirtschaft der Gesamtanlage illustriert. Die Energieabfuhr erfolgt im wesentlichen über die Enthalpie der austretenden Stoffströme bzw. über das Kühlwasser bei der Kühlung und in der Kälteanlage. Das Exergieflußbild relativiert die Aussagen der Energiebilanz in wesentlichen Positionen (Abb. 5). Die Verdichterleistung erhält als geordnete Energie ein

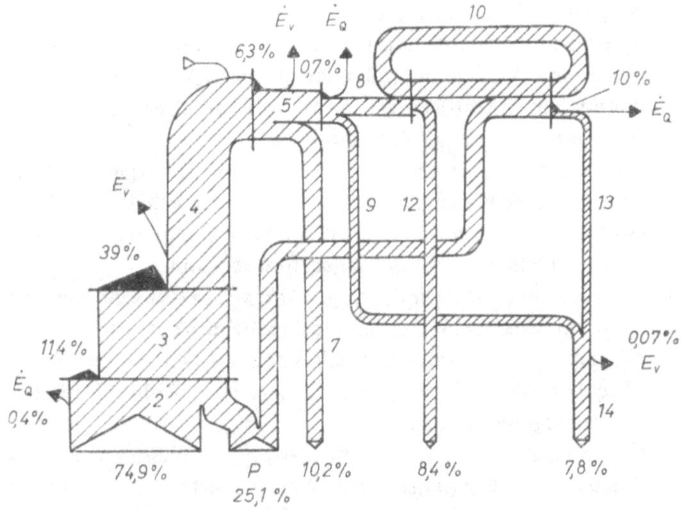

Abb. 5 Exergieflußbild einer NH_3-Anlage

höheres Gewicht. Der Nutzen der Speisewasservorwärmung wird demgegenüber eingeschränkt, da nur eine relativ geringe Aufwärmung stattfindet. Das Zielprodukt repräsentiert etwa 8% der Aufwendungen. Das erscheint relativ wenig, ist aber dadurch bedingt, daß die chemische Exergie von NH_3 definitionsgemäß gleich Null gesetzt worden ist. Der angegebene Wert enthält nur die thermomechanische Exergie. Deutlich wird aus dem Exergieflußbild der Einfluß der Irreversibilitäten, die zu entsprechenden Verlusten im Reaktor, dem Verdichter, dem Speisewasservorwärmer und der Kälteanlage führen. Auch Mischungsverluste treten an verschiedenen Stellen des Kreislaufes auf. Die Kühlwasserverluste können gegenüber den inneren Verlusten im allgemeinen vernachlässigt werden.

Der Reaktor weist den größten Verlustanteil auf. Eine tiefergehende Analyse des Reaktors selbst zeigt, daß 40% der Reaktorverluste durch die endliche Temperaturdifferenzen bei der regenerativen Wärmeübertragung verursacht sind, 20% als Mischungsverluste durch die Kaltgaseinspritzung verursacht werden und 40% durch die chemische Reaktion selbst entstehen. Diese Verlustanalyse läßt Ansatzpunkte für mögliche energetische Verbesserungen der Ammoniaksynthese erkennen.

Naheliegend ist die Erzeugung von Hochdruckdampf unmittelbar aus der Reaktionswärme, der entweder in der Anlage selbst (Verdichter) oder in vor- oder nachgeschalteten Anlagen Verwendung finden kann, wie sie z.B. in den Fauser-Montecatini-Reaktoren bereits realisiert ist. Durch Teilung des Regenerators kann auch Dampf an dieser Stelle erzeugt werden (Warmgasofen nach der BASF) oder unmittelbar nach Austritt des Produktgases aus dem Reaktor.

In der Kälteanlage kann eine energetische Verbesserung durch eine Entspannungskühlung des flüssigen Ammoniaks erzielt werden. Allerdings gilt dies nur, wenn zumindest ein Teil des NH_3 gasförmig anfallen kann.

Bei neuen großen Anlagen sind Verbesserungsmöglichkeiten durch die Kombination mit anderen Verfahren und Verfahrensstufen zu erzielen. Wird als Rohstoff Erdgas eingesetzt, so kann aus der Steam-Reforming-Anlage Dampf erzeugt werden, dessen Anwendung die Energiewirtschaft der Gesamtanlage prägt.

Zusammenfassend kann festgehalten werden, daß durch die Exergiebilanz die verschiedenen Energieformen in einem einheitlichen Maßstab dargestellt und damit relativiert werden und daß eine völlig neue Dimension der Verlustanalyse erschlossen wird, die zielstrebig zu entsprechenden Verbesserungen führen kann.

Eine Gegenüberstellung von zwei Destillationsanlagen soll außer den schon gewonnenen Aussagen illustrieren, in welcher Weise unterschiedliche Technologien und Zustandsbereiche in der Exergiebilanz zum Ausdruck kommen. Zu diesem Zweck werden im folgenden die Ergebnisse der exergetischen Analyse einer Rohöldestillation und einer Tieftemperaturgaszerlegung vorgestellt.

Das technologische Schema einer $6 \cdot 10^6$ Jahrestonnen-Rohöldestillationsanlage ist in Abb. 6 vereinfacht dargestellt. Die regenerativen Wärmeübertrager sind jeweils zweimal im Schema enthalten, gleiche Numerierung weist auf eine strommäßige Kopplung hin.

Nach der Rohölvorwärmung, die bis etwa 210 °C erfolgt und durch die Entsalzung E_1 geteilt ist und in zwei Strängen erfolgt, wird eine erste Trennung in der Vorkolonne K 1 durchgeführt. Der wesentlichste Teil der gesamten Stofftrennung erfolgt in der atmosphärischen Kolonne K 2 in Verbindung mit den Stripkolonnen K 3, K 4, K 5. Die Kolonne K 2 arbeitet im Temperaturbereich von 340 °C bis 100 °C. Die Verarbeitung des Rückstandes der atmosphärischen Kolonne erfolgt in der Vakuumkolonne K 9 mit der Stripkolonne K 10, die im Temperaturbereich zwischen 360 und 85 °C arbeitet. Die Kolonnen K 6 (Sumpftemperatur 170 °C), K 7 (Sumpftemperatur 150 °C) und K 8 (Sumpftemperatur 100 °C) dienen der Benzindestillation. Nichtverflüssigbare Gase werden in den Behältern B1 und B2 abgetrennt.

Charakteristisch für die Energiewirtschaft einer solchen Anlage ist die regenerative Wärmeübertragung (Ü). Für die Rohölvorwärmung wird vorwiegend die Wärmeabfuhr von den zirkulierenden Rückläufen, von den Produkten der Vakuumdestillation und von den heißesten Produkten und zirkulierenden Rückläufen der atmosphärischen Destillation genutzt. Die Wärmeabgabe an die Umgebung wird vorwiegend über Luftkühlung (L) realisiert. Lediglich bei niedrigen Temperaturniveaus wird Wasserkühlung (W) eingesetzt. Die Wärmezufuhr zur Anlage erfolgt über Röhrenöfen (01,

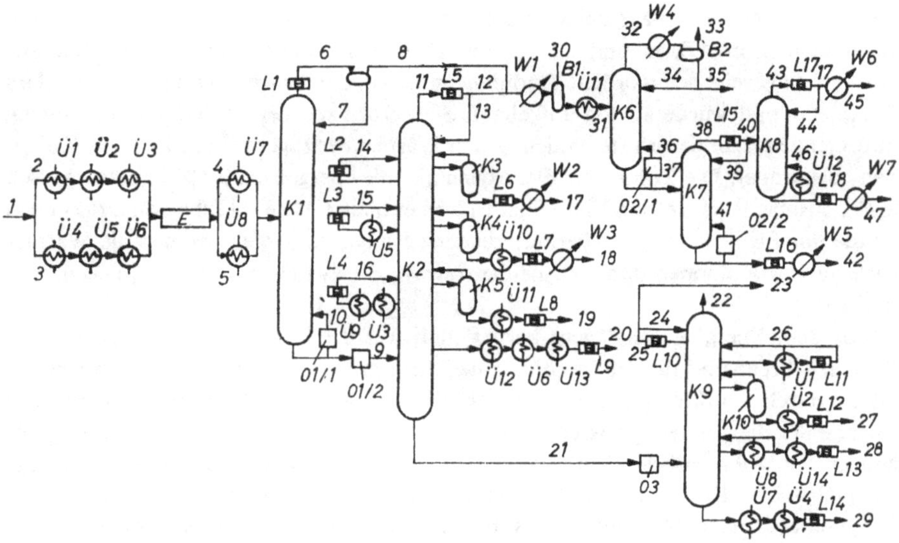

Abb. 6 Technologisches Schema einer Rohöldestillationsanlage

02, 03), wobei die Produkterwärmung in 01 von 240 bis 350 °C, in 02 von 150 auf 160 bzw. 170 auf 220 °C und in 03 auf 390 °C erfolgt.

In Abb. 7 ist das vereinfachte Energieflußbild und in Abb. 8 das vereinfachte Exergieflußbild dargestellt. [17] Zur Gewährleistung der Übersichtlichkeit werden die

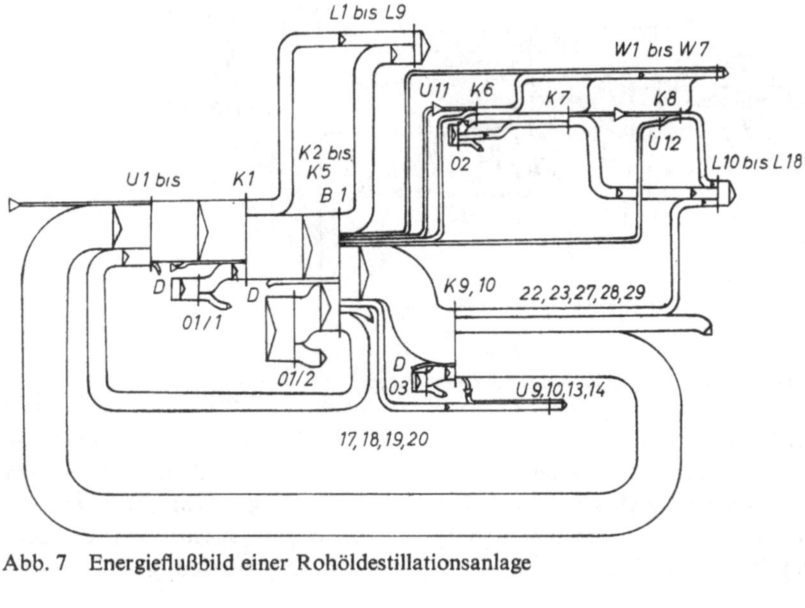

Abb. 7 Energieflußbild einer Rohöldestillationsanlage

Bilanzen einzelner Anlagenteile zusammengefaßt. Der Energiefluß entspricht damit nicht dem Stofffluß, es sind nur die zwischen den Anlagen übertragenen Energiebeträge eingezeichnet worden. Dadurch entfallen die meisten Umlaufströme. Das Exergieflußbild wurde analog aufgebaut. So werden die bei der Wärmeübertragung auftretenden Exergieverluste eindeutig den Wärmeübertragern und nicht den Kolonnen zugeordnet. Die Zufuhr an Elektroenergie, die energetisch 2,5% und exergetisch 2,7% ausmacht, ist in den Flußbildern nicht enthalten. Die Abfuhr von Fraktionen wurde nur für nennenswerte Beträge gekennzeichnet. Außerdem werden die Wärmeverluste von Kolonnen und Wärmeübertragern, die zwischen 3 und 5% liegen, vernachlässigt.

Aus dem Energieflußbild geht hervor, daß fast die gesamte Energie (über 90%) über den Brennstoff der Röhrenöfen zugeführt wird. Diese Energie wird im wesentlichen durch Luftkühlung (41%), durch Wasserkühlung (6%) und als thermische Energie der die Anlage verlassende Produkte und Rauchgase abgeführt. Die Wärmezufuhr zur regenerativen Rohölvorwärmung erfolgt nur von den Strömen der atmosphärischen Kolonne und der Vakuumkolonne. Die Vakuumkolonne hat mit 70% den bedeutenderen Anteil. Es ist bei der Auslegung offensichtlich vordergründig auf die Nutzung der heißesten Stoffströme orientiert worden.

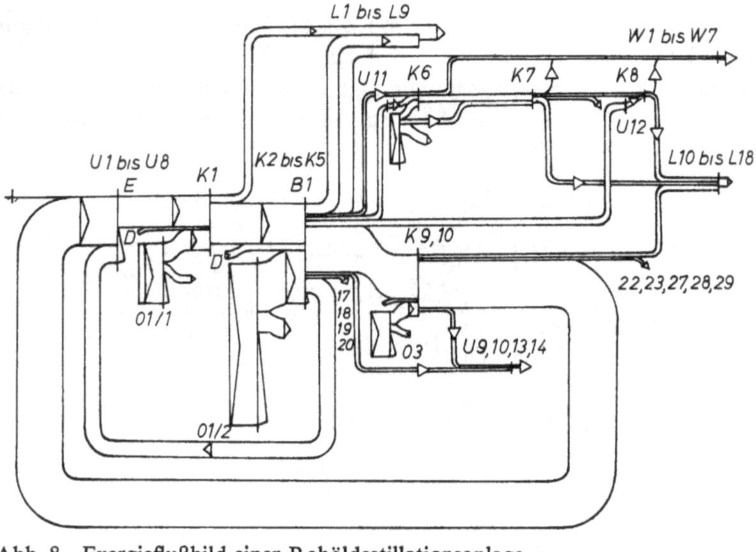

Abb. 8 Exergieflußbild einer Rohöldestillationsanlage

Im Exergieflußbild (Abb. 8) unterscheiden sich die Relationen der Ströme aus den schon bekannten Ursachen wesentlich von denen des Energieflußbildes. Außerdem werden die Verluste durch Irreversibilitäten vor allem infolge chemischer Reaktion (Verbrennung in den Röhrenöfen) und Wärmeübertragung ausgewiesen, die kein Äquivalent im Energieflußbild aufweisen. Als Umgebungszustand wurde für die

Erdölfraktionen $p_u = 1$ bar, $t_u = 10°C$ und die Zusammensetzung des Rohölstromes festgelegt. Es wird deutlich, daß bei der vorliegenden Technologie die thermische Energie der Rauchgase und die Irreversibilitäten die Hauptverluste darstellen. 10% der zugeführten Exergie gehen mit den Rauchgasen an die Umgebung verloren. Die Röhrenöfen weisen 74% der Verluste durch Irreversibilitäten auf. 13% der Exergie gehen durch Kühlprozesse an die Umgebung verloren. Die die Anlage verlassenden Erdölfraktionen haben einen vergleichsweise geringen Exergiegehalt. Auch im Exergieflußbild zeigt sich, daß die Vakuumkolonne den größeren Anteil an der regenerativen Rohölvorwärmung trägt.

Zusammenfassend läßt sich feststellen, daß die Röhrenöfen die bedeutendsten Verluste aufweisen. Eine Verbesserung des Systems kann durch eine Erweiterung des regenerativen Wärmeübertragersystems erzielt werden, mit dem Ziel, die Energiezufuhr über die Röhrenöfen zu vermindern. Außerdem könnte eine Erhöhung der Produkttemperaturen angestrebt werden, der aber technologische Grenzen gesetzt sind. Thermodynamisch interessant ist die Vorschaltung von Wärmekraftprozessen vor die eigentliche Produkterwärmung im Sinne einer Wärmekraftkopplung. Das bedeutet aber eine zusätzliche Erzeugung von Elektroenergie, was zu einer Kombination mit anderen Stoff- oder Energiesystemen führen würde. In der vorliegenden Form weist die Anlage einen exergetischen Wirkungsgrad von weniger als 5% auf.

Die destillative Tieftemperatur-Gaszerlegung wird zur Bereitstellung von Olefinen und im speziellen von Ethylen aus Spalt- oder Pyrolysegasen angewandt. Auf Grund des erheblichen Wertes der Kälte sind derartige Anlagen energetisch ausgereift und beispielhaft für andere Anlagen. In Abb. 9 ist das technologische Schema einer Ethylenabtrennung dargestellt, die im folgenden einer exergetischen Analyse unterzogen werden soll. [18]

In der Rohgasverdichtung wird das Rohgas in zwei parallelgeschalteten fünfstufigen Turboverdichtern auf 3,2 MPa komprimiert. Nach jeder Stufe erfolgt eine Rückkühlung des Rohgases auf 303 K mittels Kühlwasser, sowie eine Abscheidung der Kondensate. Zwischen der 3. und 4. Stufe werden in der Grobwäsche und Laugenwäsche die sauren Bestandteile abgeschieden. Nach der 4. Stufe erfolgt eine Wasserabscheidung durch Glykoltrocknung.

In der Vorkühlung wird das Rohgas abschnittsweise auf 238 K abgekühlt. Das erfolgt regenerativ durch rückgeführte Fraktionen und durch Kältemittelverdampfer, die mit Kreislaufpropylen betrieben werden. Während der Abkühlung erfolgt eine Kondensatabscheidung. Kondensat und Rohgas werden getrennt der C_2/C_3-Trennung zugeführt.

Die C_2/C_3-Trennung besteht aus einer Rektifikationskolonne, deren Kopfprodukt, die C_2-Fraktion, der Hydrierung zugeführt wird, während das Sumpfprodukt, die C_3-Fraktion der C_3-Linie zugeleitet wird. Die Wärmezufuhr erfolgt mit Niederdruckdampf, die Kondensation regenerativ mit einem Teilstrom der C_2-Fraktion und über den Propylenkältemittelkreislauf.

In der anschließenden Hydrierung wird Ethin zu Ethylen umgesetzt. Der Temperaturverlauf wird mittels Niederdruckdampf und Kühlwasser gesteuert.

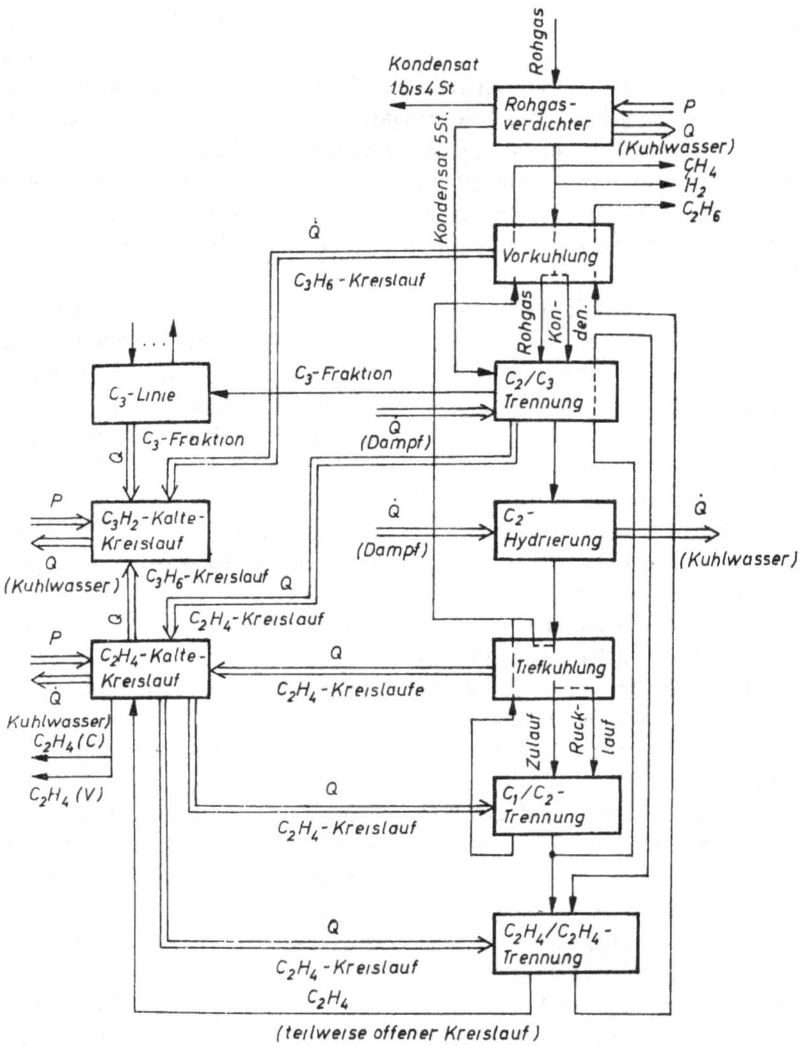

Abb. 9 Technologisches Schema einer Ethylenanlage

In der Tiefkühlung wird eine Temperatur von 121 K erreicht. Dabei kondensieren die Kohlenwasserstoffe weitgehend aus, wobei eine Fraktion mit über 90 Molprozent Wasserstoff entsteht. Diese Fraktion wird über eine Drosselung und entsprechende Wärmeübertrager zur Kühlung ausgenutzt. Die weitere Abkühlung erfolgt regenerativ mit Hilfe der CH_4-Fraktion aus der C_1/C_2-Trennung und über 3 Ethylen-Kältekreisläufe bei Verdampfungstemperaturen von −56 °C, −80 °C und −100 °C. Durch die Auskondensation in den einzelnen Stufen können aus der Tiefkühlung Zu- und Rücklauf der C_1/C_2-Trennung getrennt bereitgestellt werden.

In der C_1/C_2-Trennung wird Methan, das bei der Tiefkühlung und anschließend in der Vorkühlung regenerativ genutzt wird, und eine C_2-Fraktion, die teilweise bei der C_2/C_3-Trennung zur Kondensation des Kopfproduktes eingesetzt wird, gewonnen. Die Beheizung der Kolonne erfolgt durch kondensierendes Ethylen aus dem Kreislauf. Aus der C_2H_4/C_2H_6-Trennung wird Ethan und Ethylen gewonnen. Das Ethan wird in der Vorkühlung zum regenerativen Wärmeaustausch genutzt und anschließend in das Heizgasnetz abgegeben. Das Kopfprodukt Ethylen wird in die 3. Stufe des Ethylenverdichters des Kältekreislaufes eingespeist. Zur Beheizung der Kolonne dient kondensierendes Ethylen, wobei ein Teil als Rücklauf in die Kolonne fließt.

Aus der Beschreibung der einzelnen Trennstufen wird deutlich, daß der Ethylenverdichter gleichzeitig Bestandteil eines Wärmepumpen- bzw. Kältekreislaufes und des Produktionsverfahrens ist. Es liegt also eine offene Wärmetransformationsschaltung vor, die in idealer Weise Stoff- und Energiewandlung miteinander verbindet. Der Propylenkreislauf ist demgegenüber geschlossen, so daß hier nur die energetischen Verbindungen maßgebend sind.

Das Exergieflußbild enthält die thermomechanische und Konzentrationsexergie (Abb. 10). Das Flußbild macht den hohen Integrationsgrad der Anlage deutlich. Die im Bild angegebenen ε_V-Werte sind relative Exergieverluste (bezogen auf die Eingangsströme). Dabei sind zwar innere und äußere Exergieverluste zusammengefaßt, die Verlustangaben sind aber im wesentlichen ein Maß der Irreversibilitäten, da die äußeren Verluste durch Wärmeabgaben über das Kühlwasser gegeben sind, die in erster Näherung vernachlässigt werden können.

Die Energiezufuhr ist im wesentlichen durch die mechanische Energie für den Antrieb der Verdichter gegeben. Bezogen auf die Ethylenabtrennung stellt das Verfahren in energetischer Hinsicht eine Umwandlung von mechanischer Energie in Konzentrationsenergie dar, die etwa mit einem Gesamtwirkungsgrad von 15% erfolgt. Ein Wert, der für thermische Prozesse schon relativ hoch ist.

Die Verluste konzentrieren sich auf die Verdichter bzw. Kältekreisläufe, die Wärmeübertragungsprozesse und auf die C_2/C_3-Trennung. Letztes ist auf den beachtlichen Temperaturunterschied zwischen Kopf und Sumpf der Kolonne zurückzuführen (234 K – 370 K).

Zur näheren Kennzeichnung sind außerdem die Wirkungsgrade der einzelnen Verfahrensstufen im Flußbild angegeben.

Die Analyse des Verfahrens zeigt, daß in energetischer Hinsicht eine beispielhafte Gestaltung vorliegt, die vordergründig durch die Anpassung des Temperaturniveaus der Kältekreisläufe an die Stofftrennaufgaben erreicht worden ist. Grundsätzliche Verbesserungen dieses Prozesses sind deshalb nur zu erwarten, wenn die Einordnung in vor- und nachgeschaltete Verfahren in Betracht gezogen werden oder zu neuen, andersgearteten Wirkprinzipien der Stofftrennung übergegangen wird.

Reizvoll und energetisch außerordentlich informativ ist ein Vergleich der beiden Destillationsanlagen – der Rohöldestillation und der Olefintrennung. Die Energiezufuhr bei der Rohöldestillation erfolgt in Form der chemischen Energie der Brennstoffe, die als Wärme durch die Verbrennung freigesetzt wird. Diese Lösung ist appara-

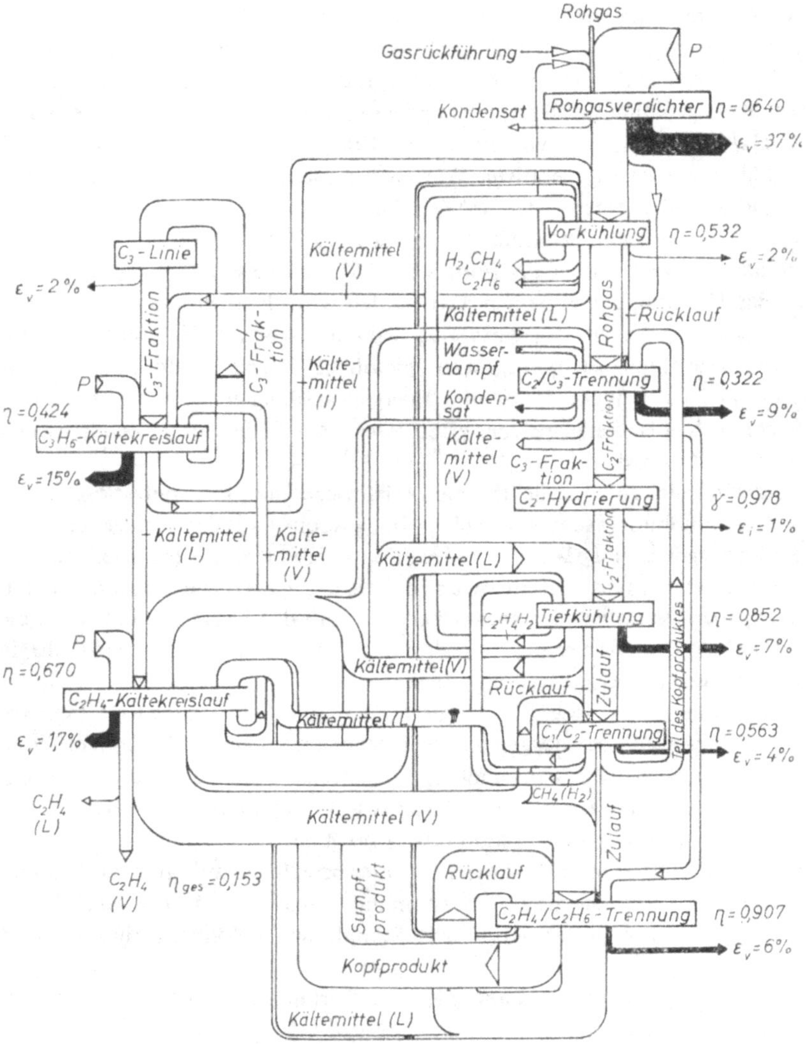

Abb. 10 Exergieflußbild einer Ethylenanlage

tiv einfach, aber mit hohen Exergieverlusten verbunden, wie das entsprechende Exergieflußbild zeigt (Abb. 8). Bei der Olefintrennung erfolgt die Energiezufuhr in Form mechanischer Energie über den Kompressor. Mechanische Energie ist eine geordnete Energie, die zwar entsprechend komplizierte Anlagensysteme erfordert, aber maßgeblich günstigere energetische Verhältnisse repräsentiert. Hinzu kommt noch, daß die Olefintrennung mit einem System von Wärmetransformationsprozessen ausgerüstet ist, die die Wärmeaustauschprozesse der einzelnen Kolonnen bei angepaßten Temperaturdifferenzen durchzuführen erlaubt. Dieses Vorgehen garantiert geringere Exergieverluste. Es ist offensichtlich, daß diese Situation durch eine entsprechende Komplizierung der Anlagenstruktur erreicht wird. Auf Grund des hohen wirtschaftlichen Wertes der Kälte erscheint diese Lösung energiewirtschaftlich optimal. Daraus läßt sich der Schluß ziehen, daß eine weitere Verbesserung der Rohöldestillation gleichfalls durch die Einbeziehung von Kreisprozessen zu erzielen ist, wie das schon durch den Hinweis auf die Wärmekraftkopplung angedeutet ist. Ohne Zweifel werden derartige Lösungen mit steigenden Rohstoff- und Rohenergiepreisen favorisiert. Von Vorteil ist dabei, wenn zwischen dem Stoffsystem und dem energetischen System nicht nur eine energetische, sondern, wie im Falle der Ethylenanlage, auch eine stoffliche Kopplung realisiert werden kann.

4. Definition einer „chemischen“ Umgebung

Wie schon einleitend ausgeführt, ergibt sich die Exergie als thermodynamisches Potential aus der Wechselwirkung von System und Umgebung. Sind sämtliche Stoffe und Spezies des Systems in der Umgebung enthalten, läßt sich diese als „physikalische“ Umgebung bezeichnen, da das System durch Temperatur-, Druck- und Konzentrationsänderungen in das Gleichgewicht mit der Umgebung überführt werden kann. Unterscheidet sich dagegen das System, im speziellen Fall der betrachtete Stoffstrom, und die Umgebung in der Stoffart, ist eine Überführung in die Umgebung nur mit Hilfe chemischer Reaktionen möglich. Man spricht in diesem Zusammenhang von einer „chemischen“ Umgebung, die jedem Stoff bei Umgebungstemperatur T_u und Umgebungsdruck p_u seine chemische Exergie oder Nullexergie zuweist.

Die Festlegung der Umgebung, d.h. die Bestimmung des Umgebungszustandes ist für stoffwirtschaftliche Verfahren nicht einfach und hat in der einschlägigen Literatur zu einer Reihe von Vorschlägen geführt. Das ist zum einen theoretisch begründet und zum anderen durch die Eigenschaften des Exergiebegriffes bedingt, dessen Anwendung technisch motiviert ist. Aus diesem Grund ist z.B. das Bezugssystem der chemischen Thermodynamik hierfür nicht anwendbar.

Bei der Festlegung des Umgebungszustandes sind eine Reihe von Gesichtspunkten zu berücksichtigen, auf die im folgenden kurz eingegangen werden soll.

Die Wechselwirkung zwischen System und Umgebung kann zunächst unter kybernetischen Gesichtspunkten diskutiert werden. Danach ist es nicht möglich und sinnvoll, stets alle Wechselwirkungen zwischen System und Umgebung zu betrachten, sondern sich auf die für den betrachteten Prozeß wesentlichen zu beschränken. Das erlaubt nicht nur, sondern erfordert, eine an die Funktion des jeweiligen Prozesses angepaßte Umgebung auszuwählen. Die wichtigste thermodynamische Forderung an die Umgebung ist die nach einem Gleichgewichtszustand. Ist diese Forderung nicht erfüllt, können theoretisch mit Hilfe von Teilsystemen der Umgebung in Verbindung mit oder ohne dem beteiligten System zusätzliche Arbeitsbeträge gewonnen werden. Das kann zu Widersprüchen zur Definition der Exergie als maximale Arbeit führen. Darüber hinaus soll der Gleichgewichtszustand in der Umgebung durch die Wechselwirkung mit dem System nicht beeinflußt werden. Das erfordert, daß für die Umgebung Reservoireigenschaften zugrundegelegt werden. Dieser Forderung ist nur mit Hilfe zusätzlicher Postulate Rechnung zu tragen. Liegt nämlich eine endliche Umgebung vor, muß postuliert werden, daß für diese, entgegen den Aussagen der Bilanzgleichungen, die intensiven Zustandsparameter konstant bleiben. Diese Forderung ist bei einer unendlich großen Umgebung exakt erfüllt. Hierbei ist aber zu postulieren, daß für ein unendlich großes System der Gleichgewichtsbegriff angewandt werden darf. Das ist bekanntlich nicht selbstverständlich. Darüber hinaus treten in diesem Fall gewisse mathematische Schwierigkeiten auf, die eine Grenzwertbildung verlangen. Darauf soll aber an dieser Stelle nicht eingegangen werden.

Diese Probleme sind zunächst theoretischer Art. In praxi ist die Masse der Umgebung stets sehr viel größer als die des Systems, so daß stets mit völlig ausreichender Genauigkeit von einem konstanten Umgebungszustand ausgegangen werden kann.

Zum dritten ist aus technischen Gesichtspunkten für die Definition der Umgebung eine Orientierung an den Eigenschaften der natürlichen Umgebung, der Geosphäre, sinnvoll und notwendig, um richtig von selbst verlaufende Vorgänge von solchen zu unterscheiden, deren Realisierung einen minimalen Energieaufwand erforderte. Während für die Atmosphäre und die Hydrosphäre unter vereinfachenden Voraussetzungen die Annahme eines Gleichgewichtszustandes noch möglich erscheint, ist dies für die Lithosphäre nicht nur unmöglich, sondern technisch auch unzweckmäßig, da dann nicht z. B. Lagerstättenprobleme und damit Standorteigenschaften technischer Systeme sinnvoll untersucht werden können.

Die Berücksichtigung der Eigenschaften der Geosphäre einerseits und die Notwendigkeit der Annahme eines thermodynamischen Gleichgewichtes für die Umgebung andererseits können für die Lösung praktischer Aufgaben auf zweierlei Weise miteinander verbunden werden. Es kann entweder eine fiktive Umgebung als Gleichgewichtsumgebung definiert werden, die für die Substanzen exergielos ist und die negative Exergien ausschließt, oder es wird eine Umgebung mit Hemmungen zugrundegelegt. Eine vollständige Gleichgewichtsumgebung ist von Ahrendts [19] vorgeschlagen worden. Er berücksichtigte 17 der wichtigsten Elemente und 692 Verbindungen und erfaßte damit 99,95 % der auf der Erde vorhandenen Stoffe. Über eine Gleichgewichtsberechnung wurde die Zusammensetzung einer fiktiven Umgebung ermittelt. Das Ergebnis hat nichts mehr mit der natürlichen Umgebung gemein. Eine Annäherung an die natürliche Umgebung kann erzielt werden, wenn die Lithosphäre quantitativ weniger berücksichtigt wird und eine Hemmung für die Nitratbildung angenommen wird. Damit ist aber dieses Konzept schon von der theoretischen Ausgangsposition nicht mehr geschlossen.

Den praktischen Bedingungen der exergetischen Analyse technischer Systeme besser anzupassen, ist die Annahme eines getrennten Gleichgewichtes in der Umgebung. Im Extremfall kann diese Annahme für alle betrachteten Substanzen zugrundegelegt werden, für praktische Anwendungen ist es aber stets möglich, bestimmte Teile der Umgebung als eine Gleichgewichtsumgebung anzusehen und die Hemmungen nur für bestimmte Stoffe, die z. B. unter den üblichen Umgebungsbedingungen in fester Form auftreten, einzuführen. [20] Als Konsequenz ergibt sich aus einem derartigen

Vorgehen, daß einzelne Systemkomponenten nur mit bestimmten Teilen der Umgebung in Wechselwirkung treten dürfen und daß mögliche Arbeitsleistungen zwischen einzelnen Teilen der Umgebung als unwesentlich für den betrachteten Prozeß angesehen werden. Dieses Vorgehen hat sich in der Praxis exergetischer Analysen bewährt. Es ist selbstverständlich, daß bei Vergleichen zwischen verschiedenen Analysen die Möglichkeit unterschiedlicher Umgebungsdefinitionen beachtet werden muß. Im Bedarfsfall muß eine entsprechende Umrechnung erfolgen.

Die Notwendigkeit, für die Umgebung ein gehemmtes Gleichgewicht zugrunde zu legen und die Tatsache, daß exergetische Analysen die Eigenschaften eines bestimmten technischen Systems zum Ausdruck bringen sollen, läßt den Gedanken offensichtlich werden, signifikante Systemeigenschaften zur Umgebungsdefinition zu benutzen. So könnten bestimmte Eingangs- oder auch Ausgangsprodukte oder Gleichgewichtsbedingungen bei Umgebungsparametern als Umgebung definiert werden. [21] Ein derartiges Vorgehen kann aber nur in Verbindung mit der Betrachtung eines bestimmten technischen Systems illustriert werden. Da an dieser Stelle eine Beschränkung auf einige allgemeine Überlegungen vorgesehen ist, soll die weitere Verfolgung derartiger Konzepte unterbleiben.

5. Vorstellungen zur Quantifizierung „chemischer" Umgebungen

Die Annahme eines gehemmten Gleichgewichtes in der Umgebung erfordert, daß Stoffe, die nicht in der Umgebung enthalten sind, durch Reaktionen mit Bezugssubstanzen in die Umgebung überführt werden können. Die Bezugssubstanzen müssen Bestandteile der Umgebung sein, ihre Exergie ist definitionsgemäß gleich Null. Die Anzahl der Bezugssubstanzen in der Umgebung darf nicht größer sein als die Anzahl der Elemente in den für das zu untersuchendende System interessanten Verbindungen, um Reaktionen zwischen den Bezugssubstanzen auszuschließen.

Tabelle 1 Beispiele für die Möglichkeit bzw. Unmöglichkeit der Definition von Bezugssubstanzen

Bsp.	Komponenten im Stoffstrom	Komponenten in der Umgebung	Möglichkeit der Kombination, bei Möglichkeit Gleichung der Bezugsreaktion
1	N_2	N_2, CH_4	$N_2 = N_2$
2	CH_4, N_2	N_2	keine
3	H_2S	H_2O, SO_2	keine
4	H_2S	H_2O, SO_2, H_2	$H_2S = SO_2 + 3H_2 - 2H_2O$
5	H_2S	H_2O, SO_2, SO_3	$H_2S = H_2O + 4SO_2 - 3SO_3$
6	CH_4	CO_2, O_2	keine
7	CH_4	H_2O, CO_2, O_2	$CH_4 = CO_2 + 2H_2O - 2O_2$

Die Ermittlung von Bezugssubstanzen und damit die Definition der Umgebung soll an einigen fiktiven Beispielen illustriert werden, die in Tabelle 1 zusammengefaßt sind. Das Beispiel 1 ist trivial, da der betrachtete Stoff gleichzeitig Bezugssubstanz ist. Im Beispiel 2 besteht keine Möglichkeit der Überführung des CH_4, eine derartige Kombination von System und Umgebung ist nicht möglich. Im Beispiel 3 sind zwar die Elemente des Stoffsystems in den Bezugssubstanzen der Umgebung vertreten, eine Überführung des Stoffsystems mit Hilfe dieser Bezugssubstanzen in diese Umgebung ist aber nicht möglich. Die Beispiele 4 und 5 zeigen den möglichen Entscheidungsspielraum. Die restlichen Beispiele lassen sich dann analog diskutieren.

Auf dieser Basis sind von SZARGUT [22] und MOEBUS [16] allgemeingültige Umgebungen vorgeschlagen worden, die der exergetischen Analyse stoffwirtschaftlicher Prozesse zugrundegelegt werden können. SZARGUT geht in einem ersten Vorschlag von den Bestandteilen der Atmosphäre und bestimmten Verbindungen in der Lithosphäre aus. In einem zweiten Vorschlag berücksichtigt er ausführlich die Hydrosphäre und braucht nur noch auf wenige Verbindungen aus der Lithosphäre zurückzugreifen. Der Vorschlag von MOEBUS geht pragmatisch von der Vorstellung aus, daß sämtliche Bezugssubstanzen in einem gehemmten Zustand bei Umgebungsdruck und -temperatur vorliegen.

Auswahlkriterien bei SZARGUT für die Bezugssubstanzen sind die Häufigkeit der jeweiligen Verbindungen und die Werte der freien Bildungsenthalpien. Damit wird das natürliche gehemmte Gleichgewicht richtig widergespiegelt und eventuell negative Exergiewerte vermieden. Die Konzentrationsanteile können dann aus den o.a. Vorstellungen ermittelt werden. MOEBUS orientiert sich bei seinem Vorschlag an den gleichen Kriterien, deshalb stimmen die Bezugssubstanzen beider Vorschläge weitgehend überein. Allerdings wird für technisch bedeutungsvolle Stoffe der technische Aspekt als wesentlicher angesehen als die Orientierung an der Geosphäre. Das ist beim Vorschlag von MOEBUS möglich auf Grund der pragmatischen Orientierung hinsichtlich der Zusammensetzung der Umgebung.

Unter der Annahme, daß sich die Gasphase wie ein ideales Gas verhält und bei der kondensierten Phase der Druckeinfluß vernachlässigt werden kann, läßt sich ein Berechnungsschema entwickeln, das in Abb. 11 schematisch wiedergegeben ist.

In dem Schema ist der Integrationsweg, ausgehend vom Umgebungszustand, gekennzeichnet. Vollinien bezeichnen Exergieströme, gestrichelte Linien Energieströme mit Umgebungsparametern (Anergieströme).

Für ein Gemisch bestimmt sich die Exergie aus dem Ansatz

$$\bar{e} = \sum_{i=1}^{n} x_i \bar{e}_i \tag{4}$$

mit $\bar{e}_i$ als den partiellen molaren Exergien und x_i den entsprechenden Molanteilen. Die partielle molare Exergie eines Stoffes, der gleichzeitig Bezugssubstanz ist, bestimmt sich aus den beiden Teilprozessen 1b und 4. Dabei stellt der Teilprozeß 4 die Druck- und Temperaturänderung vom Umgebungszustand zum aktuellen Systemzustand dar. Man bezeichnet diesen Teil der Exergie als thermomechanische Exergie.

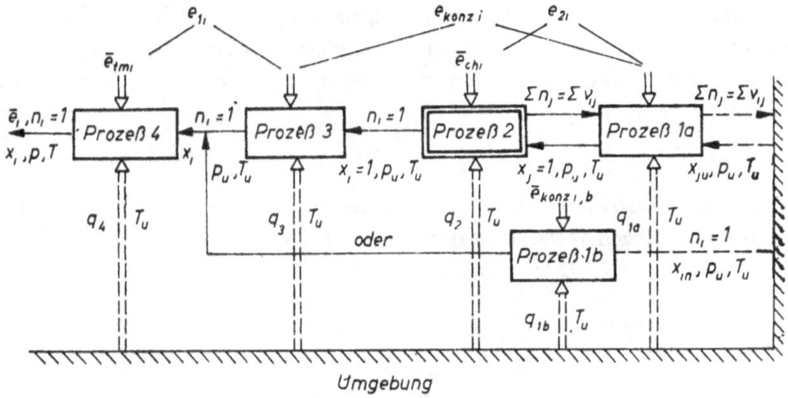

Abb. 11 Berechnungsschema zur Ermittlung der chemischen Exergie

Der Teilprozeß 1b realisiert eine Konzentrationsänderung, die dem Angleich der System- und Umgehungskonzentration dient. Der hiermit festgelegte Term wird als Konzentrationsexergie bezeichnet. Zur Ermittlung der Exergie aller weiteren Stoffe sind die folgenden Teilprozesse zu berechnen:

1a Konzentrationsänderung zwischen Umgebungszusammensetzung und reinen Stoffen
2 Bezugsreaktion zwischen reinen Stoffen
3 Konzentrationsänderung zwischen reinen Stoffen und der Systemzusammensetzung
4 Druck- und Temperaturänderung zwischen Umgebungs- und Systemparametern.

Die beim Teilprozeß 2 ermittelte Exergie wird als chemische Exergie bezeichnet. Für die Bezugsreaktion kann als stöchiometrische Gleichung geschrieben werden

$$\sum \nu_{ij} U_j = x_i, \tag{5}$$

wobei U_i die erforderlichen Bezugssubstanzen zur Überführung des Stoffes x_i vom Umgebungszustand in den Systemzustand darstellt. ν_{ij} sind die entsprechenden stöchiometrischen Koeffizienten. Die chemische Exergie des Stoffes x_i für einen bestimmten Bezugszustand 0 ergibt sich dann aus der Beziehung

$$\bar{e}_{cho_i} = \Delta^{Bo}\bar{g}_{xi} + \sum \nu_{ij} \Delta^{Bo}\bar{g}_{uj} \tag{6}$$

mit den entsprechenden freien Bildungsenthalpien des Stoffes und der Bezugssubstanzen in diesem Bezugszustand. Als Bezugszustand wird aus Gründen der einfachen Ermittlung der chemische Normalzustand gewählt ($p_o = 1{,}01325$ bar, $T_o = 298{,}15$ K). Da dieser mit dem Umgebungszustand im allgemeinen nicht übereinstimmt, sind entsprechende Umrechnungsgleichungen abzuleiten, auf die aber an dieser Stelle nicht eingegangen werden soll.

Mit diesen Vorstellungen kann eine numerische Ermittlung der chemischen Exergien beliebiger Verbindungen vorgenommen werden. Für eine praktische Auswertung ist eine Vertafelung auf der Basis der Elemente zweckmäßiger. Das wird möglich, wenn entsprechend dem Schema nach Abb. 12 die Verbindung zunächst in ihre Elemente zerlegt wird und anschließend die Elemente mit geeigneten Bezugssubstanzen in die Umgebung überführt werden. Die chemische Exergie einer beliebigen Verbindung folgt dann aus der Beziehung

$$\bar{e}_{cho_i} = \sum | \omega_{ik} | \bar{e}_{cho_k} + \Delta^{Bo}\bar{g}; \tag{7}$$

ω_{ik} stellt den stöchiometrischen Anteil des Elementes k an der Verbindung i dar. Die Ausdrücke $\bar{e}_{cho_k}$ liegen vertafelt in der Literatur dar. [15]

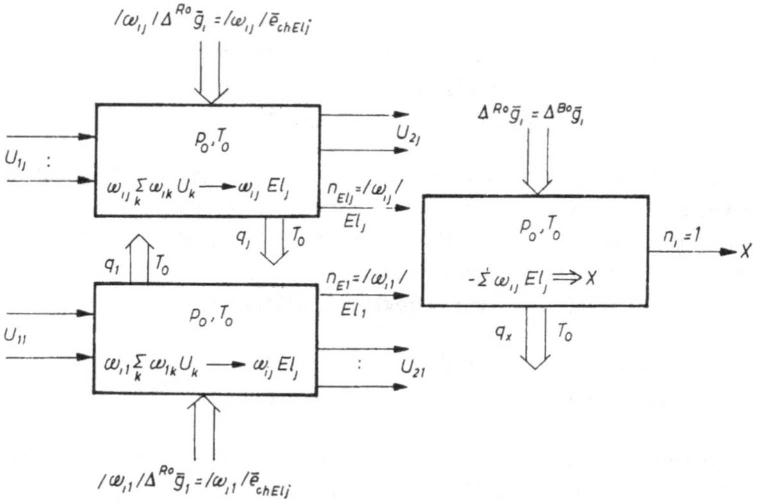

Abb. 12 Reaktionsschema der Bezugsreaktion

Über geeignete Umrechnungsgleichungen und vertafelte Rechenhilfen ist es möglich, ausgehend von den angegebenen Werten auf beliebige Umgebungszustände hinsichtlich Druck, Temperatur und Zusammensetzung zu schließen. Beim Übergang vom Bezugs- zum Umgebungszustand ist u.U. bei Bezugssubstanzen eine Phasenänderung zu berücksichtigen. Für den technisch bedeutsamen Stoff Wasser ist diese Phasenänderung in die Umrechnungsbeziehungen einbezogen. Zur Vorstellung derartiger Tafeln sei auf die Literatur verwiesen. [15]

6. Zusammenfassung

Stoffwirtschaftliche Systeme weisen auf Grund des naturgesetzlichen Zusammenhanges zwischen Stoff- und Energiewandlung hohe spezifische Energieverbräuche auf. Der steigende gesellschaftliche Wert der Energie erfordert deshalb deren grundsätzliche energetische Analyse mit dem Ziel, eine Erhöhung der energetischen Effektivität zu erreichen. Hierzu eignet sich im hervorragenden Maße der Exergiebegriff, da er die Aussagen beider Hauptsätze beinhaltet. Nach einer Einführung in die Thermodynamik des Exergiebegriffes wird dies durch einige Beispiele belegt.

Bei der exergetischen Analyse stoffwirtschaftlicher Systeme muß davon ausgegangen werden, daß sich das Stoffsystem und die der Exergieberechnung zugrunde zu legende Umgebung nicht nur in Druck, Temperatur und Konzentration, sondern auch in der Stoffart unterscheiden. Es muß deshalb eine „chemische“ Umgebung definiert werden. Hierzu werden die zu berücksichtigenden Prinzipien diskutiert und Methoden zur Festlegung der Umgebung angeleitet. Es werden schließlich die thermodynamischen Überlegungen vorgestellt, die zu allgemeingültigen Umgebungsdefinitionen führen. Durch geeignete Umrechnungsbeziehungen können diese dem technischen Sachverhalt angepaßt werden. Das ist insofern erforderlich, als die Exergie zwar eine thermodynamische Kategorie ist, ihre Motivation letztendlich durch technische Überlegungen erhält.

Mit derartigen Vorstellungen können für beliebige stoffwirtschaftliche Systeme exergetische Analysen durchgeführt werden. Dies stellt gegenüber den üblichen energetischen Untersuchungen eine neue Qualität dar, da mit Hilfe der Exergie die Aussagen des II. Hauptsatzes der Thermodynamik explizit für die Einschätzung der energetischen Qualität eines Verfahrens erschlossen werden.

Symbolverzeichnis

e	Exergie
g	freie Enthalpie
h	Enthalpie
q	Wärme
s	Entropie
T	Temperatur
w	Arbeit
x	Molanteil
ν	stöchiometrischer Koeffizient

Index:

U	Umgebungszustand, bzw. Bezugssubstanzen
X	Verbindung

Literatur

[1] Carnot, S.: Betrachtungen über die bewegende Kraft des Feuers und die zur Entwicklung dieser Kraft geeigneten Maschinen. Akademische Verlagsgesellschaft Geest u. Portig, Leipzig 1982.

[2] Haase, H. J.; Krug, K.: Sadi Carnot – ein Mitbegründer der Technischen Thermodynamik, in: Wiss. u. Fortschritt, 33 (83) H. 2, 46–50.

[3] Thomson, W.: On the restoration of mechanical energy from an unequally heated space, in: Phil. Mag., 5 (1853) (Serie IV), 102–105; Mathematical and physical papers. Sir William Thomson, 1 (1882), Cambridge University Press, 554.

[4] Tait, P. G.: Sketch of thermodynamics. Edinburgh University Press 1868.

[5] Maxwell, J. C.: Theorie of heat (1st Ed.). London: Longmans Green 1871.

[6] Gouy, M.: Sur les transformatien et l'équilibre en thermodynamique, in: Comptes Rendus, Paris 108 (1889), 509; Sur L'energie utisable, in: Jl. Phy. 8 (1889) (2. Serie), 501.

[7] Jouquet, E.: Le Théorème de M. Gouy et quelques – unes de ses applications, in: Revue de Mécanique, Mars 1907.

[8] Stodola, A.: Die Kreisprozesse der Gasmaschine, in: ZVDI, 1898, S. 1088; Dampfturbinen Berlin, Springer Verlag 1910.

[9] Bošnjaković, F.: Kampf den Nichtumkehrbarkeiten, in: Archiv für Wärmewirtschaft und Dampfkesselwesen, 19 (1938) 1, 1/2.

[10] Keenan, J. M.: Steam chart for second law analysis, in: Mech. Eng., 54 (1932), 195–204.

[11] Darrieus, M. G.: Definition du rendement thermodynamicque des turbines a vapeur, in: Revue Generale de l'Électricité, 1930, 963.

[12] Kirpičev, M. V.: Energetičeskij balans teplovych ustanovok, in: Izvestija AN SSSR, OTN, 1949, Nr. 12.

[13] Kapiza, P. L.: Turbodetander dlja polučenija nizkich temperatur i ego primenenie dlja oživenija vozducha, in: ŽTF, 9 (1939), Bd. 2, 99–123.

[14] Rant, Z.: Exergie – ein neues Wort für „Technische Arbeitsfähigkeit", in: Forsch. Ing. Wesen, 22 (1956) 1, 36/37.

[15] Fratzscher, W., Brodjanskij, W. M., Michalek, K.: Exergie-Theorie und Anwendungen, DVG Leipzig, im Druck.

[16] Moebus, W.: Beitrag zur thermodynamischen Analyse und Bewertung chemischer Prozesse, Dissertation, TU Dresden 1967.

[17] Michalek, K.: Untersuchungen zur optimalen Gestaltung der Energiewirtschaft von Rohöldestillationsanlagen unter besonderer Beachtung des Wärmeübertragersystems, Dissertation, TH „Carl Schorlemmer" Leuna-Merseburg 1979.

[18] Nözold, U.: Exergetische Untersuchungen zur Gastrennung einer Ethylenanlage, Diplomarbeit, TH „Carl Schorlemmer" Leuna-Merseburg 1980.

[19] Ahrendts, J.: Die Exergie chemisch reaktionsfähiger Systeme, in: VDI-Forschungsheft 579, VDI-Verlag, Düsseldorf 1977.

[20] Brodjanskij, W. M.: Exergetische Methode der thermodynamischen Analyse (russ.), Verlag Energia, Moskau 1973.

[21] Bošnjaković, F.: Bezugszustand der Exergie eines chemisch reagierenden Systems, in: Forsch. Ing. Wes., 29 (1963), 151/152.

[22] Szargut, J., Petela, R.: Egzergia, wydawnictwa naukowotechniczne, Warszawa 1965.

MIX
Papier | Fördert gute Waldnutzung
FSC® C083411

Kolibri 360 GmbH
Ferdinand-Jühlke-Straße 7
99095 Erfurt, Deutschland
produktsicherheit@kolibri360.de